Shezaib Siddiqui
Mustafa Kamal, PhD

Do sangue ao ADN: Uma história experimental

Shezaib Siddiqui
Mustafa Kamal, PhD

Do sangue ao ADN: Uma história experimental

Um estudo sobre a otimização do protocolo de extração de ADN do sangue total para posterior utilização em estudos de Biologia Molecular

ScienciaScripts

Imprint
Any brand names and product names mentioned in this book are subject to trademark, brand or patent protection and are trademarks or registered trademarks of their respective holders. The use of brand names, product names, common names, trade names, product descriptions etc. even without a particular marking in this work is in no way to be construed to mean that such names may be regarded as unrestricted in respect of trademark and brand protection legislation and could thus be used by anyone.

Cover image: www.ingimage.com

This book is a translation from the original published under ISBN 978-3-659-70546-5.

Publisher:
Sciencia Scripts
is a trademark of
Dodo Books Indian Ocean Ltd. and OmniScriptum S.R.L publishing group

120 High Road, East Finchley, London, N2 9ED, United Kingdom
Str. Armeneasca 28/1, office 1, Chisinau MD-2012, Republic of Moldova, Europe
Printed at: see last page
ISBN: 978-620-7-71892-4

ÍNDICE

DEDICAÇÃO

Aos meus queridos pais, o Sr. Hafeez- ur-Rehman Siddiqui e a Sra. Rehmatun Nisa,

e aos meus professores, sem a sua educação e orientação não teria conseguido

este feito.

AGRADECIMENTOS

Todo o louvor pertence a Alá, o mais benéfico e o mais misericordioso. Foi graças às Suas inúmeras bênçãos e misericórdia que consegui concluir esta obra.

Os meus agradecimentos e reconhecimento especiais vão para o meu mentor, supervisor e professor, Dr. Mustafa Kamal, que me introduziu no mundo da investigação e que me apoiou muito durante o meu trabalho de investigação, ouvindo sempre as minhas ideias e dando-me orientação sempre que precisei.

Agradeço igualmente a todos os membros do corpo docente do Departamento de Biotecnologia da Universidade de Carachi, em especial a Madame Mariam Siddiqa e a Madame Shafaq Ayaz Hassan, pelo seu apoio e orientação ao longo do meu trabalho de tese.

Os meus cumprimentos especiais ao Sr. Yousuf Khan, do Laboratório Centralizado de Ciências da Universidade de Karachi, por me ter permitido utilizar o espetrofotómetro e a centrífuga de alta velocidade durante todo o meu trabalho.

Estou grato ao Sr. Fakharuddin, à Dra. Rizwana, ao Dr. Farrukh e ao Sr. Auragzeb por me terem ajudado na recolha de amostras de sangue de doentes suspeitos de febre da malária.

Gostaria de agradecer à Dra. Najia Ghanchi, do Hospital Universitário Aga Khan, por ter fornecido controlos positivos de *Plasmoodium vivax* e *Plasmodium falciparum* e também pelos seus pareceres especializados sobre o meu trabalho de investigação.

Estou grato aos meus colegas e amigos queridos. Sra. Faria Fatima, Sra. Tabinda Salman, Sra. Tayyaba Asif, Sr. Faisal Shahid, Sr. Salman Abdul Salam, Sr. Shabbir Khan, Sr. Muhammad Sufian e Sr. Saad Qudrat pelo seu encorajamento, apoio e ajuda na resolução das dificuldades durante o meu trabalho.

Gostaria de agradecer aos meus tios, Sr. Mehboob Alam Siddiqui, do Instituto de Investigação HEJ, Universidade de Karachi, e Dr. Abdur Rehman Siddiqi, da Clone Tex Systems Inc., Texas, EUA, pelo seu apoio moral e pela ajuda que me deram na redação deste trabalho.

Por último, gostaria de apresentar os meus cumprimentos à minha família pelo seu amor, apoio, orações e fé em mim durante a realização deste trabalho.

RESUMO

A extração de ADN de fluidos corporais (soro/sangue total/líquido pleural) é um passo preliminar para o diagnóstico molecular de numerosas doenças e infecções, bem como para muitas aplicações de investigação. O rendimento e a qualidade do ADN afectam significativamente a sensibilidade e a especificidade dos processos de down streaming. Estão agora disponíveis muitos kits de extração e purificação que fornecem resultados rápidos com uma boa qualidade e rendimento, mas o seu custo afecta grandemente a economia final da investigação.

Neste estudo, o ADN de 10 amostras de sangue suspeitas de malária foi extraído através do método de "Salting out" com e sem proteinase K para testar o rendimento do ADN genómico obtido e a eficácia dos métodos para a deteção molecular da infeção por *Plasmodium vivax* utilizando primers específicos da espécie que visam o gene 18S rRNA para a reação em cadeia da polimerase (PCR).

Comparativamente, ambos os métodos produzem a mesma quantidade e qualidade de ADN quando analisados por espetrofotometria e eletroforese em gel. 3 de 5 amostras (extraídas utilizando 20mg/ml de proteinase K) e 2 de 5 amostras (extraídas sem proteinase K) foram consideradas PCR positivas para a infeção por *Plasmodium vivax*.

Conclui-se que, com algumas modificações, o protocolo de salga sem proteinase K pode ser um método rentável de extração de ADN genómico do sangue e pode ser utilizado para estudos moleculares do Plasmodium e de outros agentes patogénicos do sangue.

Capítulo 1

INTRODUÇÃO

EXTRACÇÃO DE BIOMOLÉCULAS

A extração de biomoléculas, como o ADN, o ARN e as proteínas, é o método mais importante utilizado em biologia molecular, uma vez que constitui o ponto de partida para muitos processos de downstreaming (Wink, 2006). Estas biomoléculas podem ser isoladas de células vivas, tecidos e partículas virais, bem como de material conservado e fossilizado para fins analíticos, preparativos e forenses (Siun *et al.*, 2009).

1. EXTRACÇÃO DE ADN

A recuperação de ADN genómico e de agentes infecciosos a partir de várias fontes pode ainda constituir um desafio, uma vez que o material que contém ADN varia em termos de compostos secundários, bem como de produtos de degradação devido à origem biológica e às condições de armazenamento. A qualidade e o rendimento do ADN afectam grandemente a análise a jusante, uma vez que nas aplicações de diagnóstico e investigação o valor das moléculas de ADN purificadas é elevado (Zetzsche *et al*, 2008).

2. HISTÓRIA E TENDÊNCIAS ACTUAIS

A história da extração de ácidos nucleicos começa com a experiência de Friedrich Miescher, um médico suíço, em 1869. Para determinar os componentes da célula, tentou isolar linfócitos dos gânglios linfáticos, mas devido a dificuldades na purificação dos linfócitos, passou a utilizar leucócitos obtidos a partir de pus. Inicialmente, concentrou-se em várias proteínas envolvidas na composição dos leucócitos, mas durante a sua experiência descobriu que uma substância se precipitava nos extractos celulares quando se introduzia ácido e se dissolvia quando se adicionava álcali. Foi a primeira vez que obteve precipitados brutos de ADN (Dahm, 2004).

Para separar o ADN das proteínas nos seus extractos celulares, Miescher desenvolveu um novo método para separar os núcleos celulares do citoplasma e depois isolou o ADN. No entanto, o seu primeiro protocolo não produziu quantidades suficientes para prosseguir com a análise. Mais tarde, desenvolveu um novo método para obter grandes quantidades de ADN a partir de leucócitos (Cseke *et al.*, 2004).

Após a experiência de Miescher para obter ADN, foram efectuados muitos avanços nos protocolos de isolamento de ADN. Inicialmente, a centrifugação com gradiente de densidade foi utilizada como método laboratorial de rotina para o isolamento de ADN e é utilizada por Meselson e Stahl em 1958 para revelar a replicação semi-conservadora do ADN (Meselson & Stahl, 1958).

Atualmente, foram desenvolvidos muitos protocolos que utilizam diferentes produtos químicos e soluções para isolar ADN cromossómico de grandes dimensões e plasmídeos de diferentes origens biológicas. Estes métodos foram divididos em protocolos baseados em soluções e colunas, que também foram desenvolvidos em kits comerciais para facilitar e acelerar o processo de extração de ADN (Siun & Beow, 2009).

3. MÉTODOS DE EXTRACÇÃO DE DNA

Desde a origem da biologia molecular, foram desenvolvidas várias estratégias de extração de ADN para obter ADN purificado e de alto rendimento a partir de diferentes amostras biológicas, fossilizadas e forenses. Algumas destas estratégias foram concebidas para todo o tipo de amostras biológicas, enquanto outras se limitam a amostras específicas. As etapas geralmente envolvidas na extração de ADN incluem a lise das células, a inativação de nucleases celulares, como a DNase e a RNase, e a separação do ácido nucleico dos resíduos celulares por precipitação (Doyle, 1996).

3.1 Extração com fenol e clorofórmio

A extração com solventes orgânicos, fenol-clorofórmio, é um dos métodos mais antigos, amplamente utilizado no isolamento de ADN de uma variedade de amostras biológicas. No entanto, o fenol é um ácido carbólico tóxico, corrosivo e inflamável que pode desnaturar rapidamente as proteínas, mas não inativa completamente a atividade da RNase, uma vez que este método utiliza uma mistura de fenol: clorofórmio: álcool isoamílico [25:24:1] (Sambrook & Russel, 2001). Após a lise celular, as proteínas, os hidratos de carbono, os lípidos e os resíduos celulares são removidos através da extração da fase aquosa com uma mistura orgânica de fenol e clorofórmio (Chomczynski & Sacchi, 2006). Forma-se uma emulsão bifásica seguida da adição de fenol e clorofórmio. Aquando da centrifugação, a camada hidrofóbica deposita-se no fundo, enquanto a hidrofílica permanece na parte superior da emulsão. A fase superior, que contém ADN, é recolhida e o ADN pode ser precipitado por adição de etanol a 95% ou isopropanol. Os precipitados de ADN podem ser recolhidos por centrifugação. É necessário lavar o sedimento de ADN, uma vez que este contém impurezas salinas que devem ser sempre removidas antes de qualquer processo de down streaming. O pellet é lavado com etanol a 70% e depois dissolvido em água destilada estéril (Buckingham & Flaws, 2007).

3.2 Método de extração alcalina

Este método foi concebido para isolar o ADN de plasmídeos. Funciona bem com todas as culturas de bactérias gram-negativas de volume compreendido entre 1 ml e 500 ml na presença de dodecil sulfato de sódio (SDS) (Sambrook & Russel, 2001). O princípio deste método baseia-se na desnaturação alcalina selectiva do ADN cromossómico de elevado peso molecular, enquanto o ADN plasmídico covalentemente fechado permanece intacto. As proteínas bacterianas, a parede celular quebrada e o ADN cromossómico desnaturado são precipitados com ácido acético e revestidos com dodecil sulfato (Birnboim & Doly, 1979). O ADN plasmídico pode ser recuperado por centrifugação a alta velocidade seguida de precipitação com etanol.

3.3 Método de extração com CTAB

Este método é útil para a purificação de ácido nucleico de plantas e bactérias gram positivas devido à sua parede celular polissacárida rígida. Para a extração de plantas, a amostra congelada em azoto líquido é triturada para quebrar o material da parede celular e permitir o acesso ao ácido nucleico. O brometo de cetil trimetil amónio (CTAB) é um detergente não iónico que pode precipitar o ácido nucleico e os polissacáridos ácidos a partir de soluções de baixa força iónica. Em soluções de elevada força iónica, não precipita o ácido nucleico e forma complexos com proteínas e polissacáridos. O método também utiliza solventes orgânicos e a precipitação do ADN com etanol seguida de tratamento com CTAB (Lenka *et al.*, 2002).

3.4 Método de extração de salga

Em 1988, Miller introduziu um método não perigoso e expansivo de extração de ADN de amostras de sangue (Miller *et al*, 1988) que, mais tarde, foi modificado para extrair ADN de vários tecidos (Serena *et al*, 2010). O método foi designado por método de salga devido à precipitação das proteínas do lisado celular utilizando uma solução concentrada de NaCl seguida de digestão com proteinase K. Este método utiliza dois tampões, ou seja, o tampão de lise celular e o tampão de lise dos núcleos, para libertar o conteúdo de ácido nucleico da célula. Após a lise celular, procede-se à centrifugação para obter o sedimento de núcleos, que é então tratado com tampão de lise de núcleos e proteinase K durante várias horas para digerir todas as proteínas. Em seguida, introduz-se uma solução salina concentrada para obter precipitados de proteínas que podem ser removidos por centrifugação.

O ADN do sobrenadante pode ser precipitado com isopropanol ou etanol a 95% e lavado com etanol a 70% para remover as impurezas salinas (Debomoy & John, 1991).

3.5 Extração em fase sólida

A purificação de ácidos nucleicos em fase sólida pode ser encontrada na maioria dos kits de extração comerciais disponíveis no mercado (Esser *et al.*, 2005). Permite uma extração rápida e eficiente em comparação com os métodos convencionais. É normalmente efectuada utilizando colunas de centrifugação, operadas sob força centrífuga (Gjerse *et al.*, 2009). As quatro etapas principais envolvidas neste método são a lise celular, a adsorção de ácidos nucleicos, a lavagem e a eluição. As matrizes de sílica, as partículas de vidro, a terra de diatomáceas e os transportadores de permuta aniónica são as fases sólidas que podem servir de fase sólida (Kojima & Ozawa, 2002). O primeiro passo na extração consiste em equilibrar a coluna com um tampão a um determinado pH para converter o grupo funcional ou os transportadores de ácido nucleico na fase sólida numa determinada forma química. De seguida, a amostra lisada é aplicada à coluna. O ácido nucleico desejado ligar-se-á à coluna com a ajuda de um pH elevado e da concentração de sal. Os contaminantes ligados à coluna podem ser removidos por lavagem e o ADN adsorvido pode ser eluído utilizando um tampão com baixa concentração de sal e pH neutro (Smith *et al.*, 2002).

O princípio das matrizes de sílica baseia-se na elevada afinidade da espinha dorsal do ADN carregada negativamente com a sílica carregada positivamente a pH alcalino e concentrações elevadas de sal (Esser *et al.*, 2006). A adsorção de ADN na superfície do vidro baseia-se no mesmo princípio que a cromatografia de adsorção (Dederich *et al.*, 2002). Para além das matrizes à base de sílica e de vidro, as membranas de nitrocelulose e de poliamida, como as matrizes de nylon, também podem servir como matrizes de fase sólida (Arnold *et al.*, 2005).

4. APLICAÇÕES DA EXTRACÇÃO DE DNA

Em várias aplicações de investigação, medicinais, agrícolas, de diagnóstico e forenses, a extração de ADN é o passo fundamental para prosseguir com os processos de transmissão. Algumas destas aplicações, em que a extração de ADN é obrigatória para completar as investigações posteriores, são apresentadas a seguir.

4.1 Diagnóstico de doenças infecciosas

A aplicação da extração de ADN aumenta para o diagnóstico clínico de muitas doenças infecciosas com o progresso no domínio da biologia molecular. As abordagens convencionais para o diagnóstico de doenças ainda são válidas, mas muitas delas consomem muito tempo e têm baixa sensibilidade e exatidão (Ashabil, 2006). Estão a ser utilizados vários métodos rápidos e sensíveis, como a PCR (reação em cadeia da polimerase), microarranjos e sondagem molecular, para diagnosticar várias doenças infecciosas a partir de amostras clínicas, como sangue total, soro, LCR, tecidos, urina e fezes (Tang & Charles, 2006).

4.2   Preparação de bibliotecas genómicas/cDNA

A extração de ADN é uma etapa preliminar na construção de bibliotecas de genoma/cADN. As bibliotecas genómicas são a coleção de clones recombinantes que contêm fragmentos de todo o genoma de um organismo clonado em vectores, enquanto as bibliotecas de cDNA contêm apenas fragmentos de ADN complementares que são sintetizados a partir de ARNm. Estas bibliotecas desempenham um papel importante na sequenciação do genoma e no estudo da expressão e anotação de genes (Brown, 2010).

4.3   Análise forense

As aplicações da biologia molecular no domínio forense centram-se em grande medida na capacidade da análise do ADN para identificar um indivíduo a partir de cabelos, manchas de sangue e outros objectos recuperados do local do crime. A extração de ADN a partir de amostras forenses é o passo mais crucial e importante para a realização de outras investigações, como a definição de perfis de ADN, a recolha de impressões digitais de ADN e a procura de vários marcadores de ADN (STRs, VNTRs, SSRs, etc.), com base no facto de as impressões digitais de ADN e os marcadores de cada indivíduo serem diferentes uns dos outros e poderem ajudar drasticamente a localizar o culpado (Jobling & Gill, 2004).

4.4   Agricultura

Estão a ser levados a cabo vários projectos em todo o mundo para fazer avançar a produção agrícola utilizando a biologia molecular e os processos biotecnológicos. A tecnologia do ADN desempenha um papel vital na obtenção de melhores culturas. Todas as técnicas, como a adição e a subtração de genes, que estão a ser utilizadas para melhorar a qualidade dos produtos agrícolas, não seriam possíveis se não existissem métodos eficientes e fiáveis de extração de ADN, uma vez que estes servem de base para outros processos a jusante (Brown, 2010; Miki & McHugh, 2002)

5. MÉTODOS DE EXTRACÇÃO DE ADN DE AGENTES INFECCIOSOS DE SANGUE

O sangue é amplamente utilizado para o diagnóstico de vários microrganismos infecciosos. Se a amostra clínica for sangue, há ainda uma série de opções que devem ser consideradas, por exemplo, plasma, soro e sangue total. O plasma ou o soro são preferíveis ao sangue total ou aos leucócitos purificados. Muitos investigadores dedicaram esforços consideráveis para desenvolver um método de isolamento e purificação rápidos do ADN alvo a partir de amostras de sangue. O alvo amplificável *do Plasmodium vivax* foi isolado a partir de sangue total através do processamento de sangue manchado em papel de cromatografia Whatman 3M (Kain *et al.*, 1991). As amostras de papel de filtro são cortadas e colocadas num tubo de microcentrifugação com uma solução de Chelex-100 a 5% (wt/vol). O ADN do *Plasmodium vivax* é libertado das amostras de papel de filtro por agitação em vórtice e fervura durante 10 minutos. As amostras são centrifugadas a 12.000 g durante 1,5 min e o sobrenadante é removido para um novo tubo de microcentrifugação e centrifugado novamente a 12.000 g durante 1,5 min. O sobrenadante é retirado e armazenado a 4 °C até ser utilizado (Kain *et al.*, 1991). Barker *et al.* (1992) também comunicaram um método promissor de tratamento de amostras de sangue que permite a deteção direta de parasitas *Plasmodium falciparum* para amplificação por PCR. As amostras de sangue são primeiro lisadas e depois colocadas em papel de filtro. Este papel é adicionado diretamente à mistura de PCR para amplificação. Este método permite a deteção de menos de 10 parasitas numa amostra de 20µl e minimiza os efeitos dos inibidores de PCR geralmente encontrados no sangue (Barker *et al.*, 1992). A abordagem do papel de filtro oferece muitas vantagens, incluindo a facilidade de recolha e transporte, a estabilidade das amostras, a economia do volume da amostra, pouco risco biológico, e a centralização e agrupamento das amostras para processamento e análise. Malloy *et al.* (1993) conseguiram detetar *Borrelia burgdorferi* a partir de sangue total através de uma simples centrifugação e fervura da amostra sem qualquer extração de ADN, pelo que os efeitos inibitórios de constituintes como a hemoglobina são removidos através de um simples passo de lavagem (Malloy *et al.*, 1990). Outro método Chelex foi também descrito por Iralu *et al.* (1993) para a identificação de *Mycobacterium avium* diretamente a partir de uma amostra de sangue. A mistura da amostra é incubada durante 30 minutos a 56 °C para remover os inibidores da PCR e é aquecida durante 30 minutos a 95 °C para completar a lise micobacteriana. A mistura aquecida é centrifugada para sedimentar a resina Chelex-100 e o sobrenadante é retido para a PCR (Iralu *et al.*, 1993).

Através deste tipo de exemplos, a tendência é encontrar um método universal que funcione em vários tipos de microrganismos. Em relação a esta necessidade, Golbang *et al.* (1996) descreveram um método de extração baseado no tiocianato de guanídio, que tem sido utilizado eficazmente para extrair ADN bacteriano e fúngico de produtos sanguíneos (Golbang *et al.*, 1996). Quando o microrganismo alvo é extracelular, como o vírus da hepatite B (VHB), o vírus da hepatite C (VHC) e o vírus da imunodeficiência humana (VIH), o ADN do VHB, o ARN do VHC e o ARN do VIH foram preparados a partir de amostras de soro ou plasma (Baginski *et al.*, 1990: Ishizawa *et al.*, 1991). Ao aquecer o soro antes da amplificação para inativar os inibidores da PCR, Frickhofen e Young *et al.* (1991) conseguiram detetar a presença de 104 cópias de alvos virais. A ligação do ácido nucleico a extractores de fase sólida pode contornar a remoção de proteínas e inibidores com solventes orgânicos.

Embora os kits comerciais estejam a ser desenvolvidos e a ser amplamente utilizados para a extração de ADN, a maioria dos investigadores está a incorporar os kits nos seus trabalhos para obter resultados mais eficientes.

6. MALÁRIA

A malária é um grave dilema de saúde pública que contribui significativamente em termos de morbilidade e mortalidade. A vigilância e o controlo da malária constituem um desafio significativo para os prestadores de cuidados de saúde nos países em desenvolvimento. A acessibilidade de diagnósticos eficazes e baratos e a resistência emergente a muitos medicamentos antimaláricos são obstáculos fundamentais que impedem as estratégias globais de controlo da malária (Gavin, 2004).

Sabe-se que os membros do género Plasmodia causam a febre da malária em muitas espécies de mamíferos, incluindo os seres humanos. Cinco espécies deste género, nomeadamente *Plasmodium falciparum*, Plasmodium *vivax*, *Plasmodium ovale*, *Plasmodium malariae* e *Plasmodium knowlesi,* estão associadas a infecções parasitárias no *Homo sapiens* (Cox-Singh et al., 2008; White, 2008).

7. HISTÓRIA DE FEBRE DA MALÁRIA

Há cerca de 3000 anos, os sintomas da febre da malária foram descritos pelos chineses nos seus escritos chamados *nei ching* (cânone da medicina). Além disso, há cerca de 2000 anos, os chineses preparavam uma bebida chamada *qinhao* para tratar sintomas semelhantes aos da malária (Cunha & Cunha, 2008; Warrell & Gilles, 2002).

Charles Louis Alphonse Laveran (1845 - 1942), enquanto observava uma lâmina húmida de sangue de um doente com malária, encontrou um gametófito exflagelado ao qual deu o nome de parasita *Oscillarie malariae*, mais tarde chamado Plasmodium por um patologista italiano Marchiafava em 1884 (Granham, 1966).

Ronald Ross recebeu o Prémio Nobel em 1902 ao explicar o ciclo de vida do parasita da malária aviária e ao desenvolver o Plasmodia no intestino do mosquito em 1897 (Desowitz, 1991).

8. EPIDEMIOLOGIA

Estima-se que 3,3 mil milhões de pessoas, representando cerca de 50% da população mundial, estejam em risco de contrair malária em mais de 100 países. Todos os anos, ocorrem cerca de 250 milhões de episódios de malária, resultando num milhão de mortes, principalmente entre crianças com menos de cinco anos e mulheres grávidas (USAID, 2011). 90% do fardo global da malária recai sobre os países africanos, mas os países da Ásia e da América Latina também são afectados. A malária tem um enorme impacto no crescimento económico dos países endémicos e reduz o PIB em 1,3% por ano, afectando assim o bem-estar social e económico (Gallup & Sachs, 2001; Sachs & Malaney, 2002). A pobreza e a malária estão invariavelmente ligadas e ambas contribuem para um enorme fardo socioeconómico.

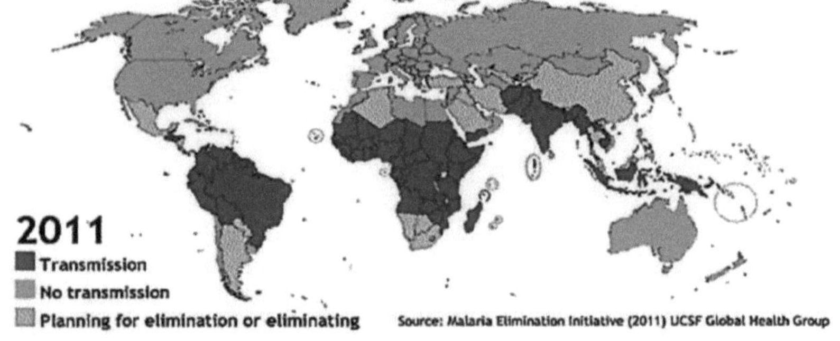

Figura 1.1: Mapa mundial da transmissão da malária (Bardi, 2011).

90% dos casos de paludismo que ocorrem fora de África são provenientes da região asiática, com 24 milhões de casos registados em 2008. O recente relatório mundial sobre a malária (2011) mostra um declínio nos casos de malária em vários países devido a programas eficazes de controlo da malária (OMS, 2011). A situação da malária na Índia, no Paquistão e no Bangladeche não sofreu grandes alterações. Mais de 80% da população está em risco, o que tem um enorme impacto no crescimento económico da região (Gallup & Sachs, 2001). Só na Índia, a incidência estimada da malária é de 15 milhões, o que contribui para mais de 50% dos casos de malária na região (OMS, 2011).

No Sul da Ásia, 5% das mortes infantis são atribuídas à malária, mas esta tem um impacto considerável na morbilidade e na anemia crónica (Zaidi *et al.*, 2004). No entanto, foram registadas mais de 200 000 mortes por ano por paludismo na Índia, em contraste com as baixas estimativas da OMS (Dhingra *et al.* 2010).

9. SITUAÇÃO NO PAQUISTÃO

O Paquistão é um país baseado na agricultura, a maioria da sua população é rural e vive abaixo do limiar da pobreza. Para além de um clima propício, o movimento maciço da população, as infra-estruturas de saúde inadequadas, a utilização irracional de medicamentos e os recursos limitados proporcionam um ambiente ideal para a transmissão da malária. A malária é endémica no Paquistão, com uma transmissão baixa a moderada. O pico de incidência surge entre julho e novembro, coincidindo com a estação das chuvas. No Paquistão, o Plasmodium *vivax* e *o Plasmodium falciparum* são as duas espécies endémicas responsáveis pela malária, entre as quais *o Plasmodium vivax* representa 58% de todos os casos de malária (Shah *et al.*, 1997: Durrani *et al.*, 1997).

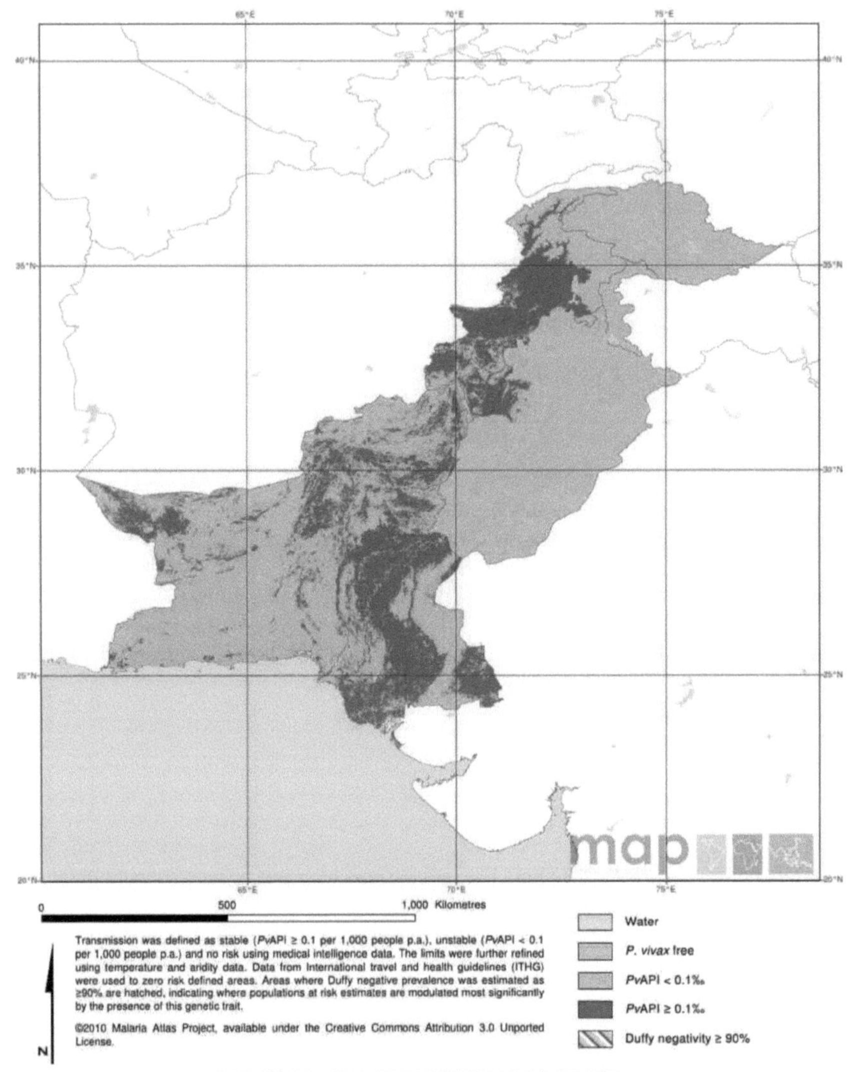

Figure 2 (a): Transmission of *P.vivax* Malaria in Pakistan (Malaria Atlas Project, 2009).

Figura 1.2(a): Transmissão da malária *P. vivax* no Paquistão (obtido de www.map.ox.ac.uk)

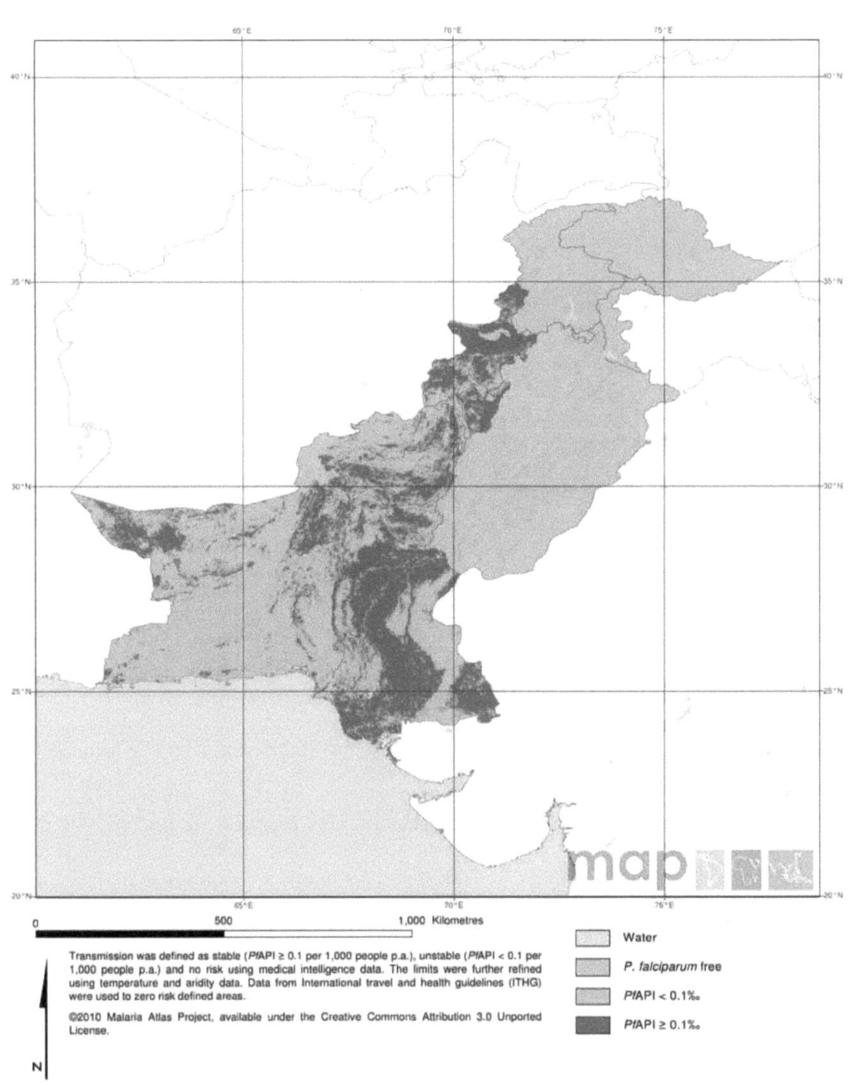

Figura 1.2 (b): Transmissão de *P. falciparum* no Paquistão (obtido de *www.map.ox.ac.uk)*.

De acordo com os dados fornecidos pelo programa de controlo da malária (MCP), a incidência anual de parasitas (API) de 2004 a 2009 revela a maior prevalência de *P. falciparum* na província do Baluchistão (Kakar *et al.*, 2010). *O P. vivax* é predominante em Sindh, onde é responsável pela morbilidade e pelo número de ataques de paludismo. A malária é hiper endémica no Punjab e o primeiro caso de resistência do *P. falciparum* à cloroquina foi registado nesta província em 1985 (Fox *et al.*, 1985).

10. PARASITA E VECTOR

Atualmente, existem mais de 100 espécies de Plasmodia, que podem infetar seres humanos, aves e répteis. Cinco espécies conhecidas que podem infetar os seres humanos são o *P.falciparum, o P.vivax, o P.ovale, o P.malariae* e *o P.knowlesi. A P.knowlesi* foi recentemente registada no Bornéu da Malásia e infecta seres humanos, no entanto, o seu hospedeiro natural é o macaco macaco de cauda longa (Cox-Singh *et al.*, 2008: White, 2008).

As fêmeas dos mosquitos Anopheles são os portadores dos parasitas da malária. Os dois principais vectores, *Anopheles culcifacies* e *Anopheles stephensi,* encontram-se no Paquistão (Kamimura *et al.*, 1986: Mahmood *et al.*, 1984).

11. CICLO DE VIDA DO PARASITA

Os parasitas da malária propagam-se infectando sucessivamente dois tipos de hospedeiros: as fêmeas dos mosquitos Anopheles e os seres humanos. Quando a fêmea infetada do mosquito Anopheles suga

sangue humano, ao mesmo tempo que injecta esporozoítos de Plasmodium na corrente
sanguínea, de onde são absorvidos pelo fígado em poucos minutos.

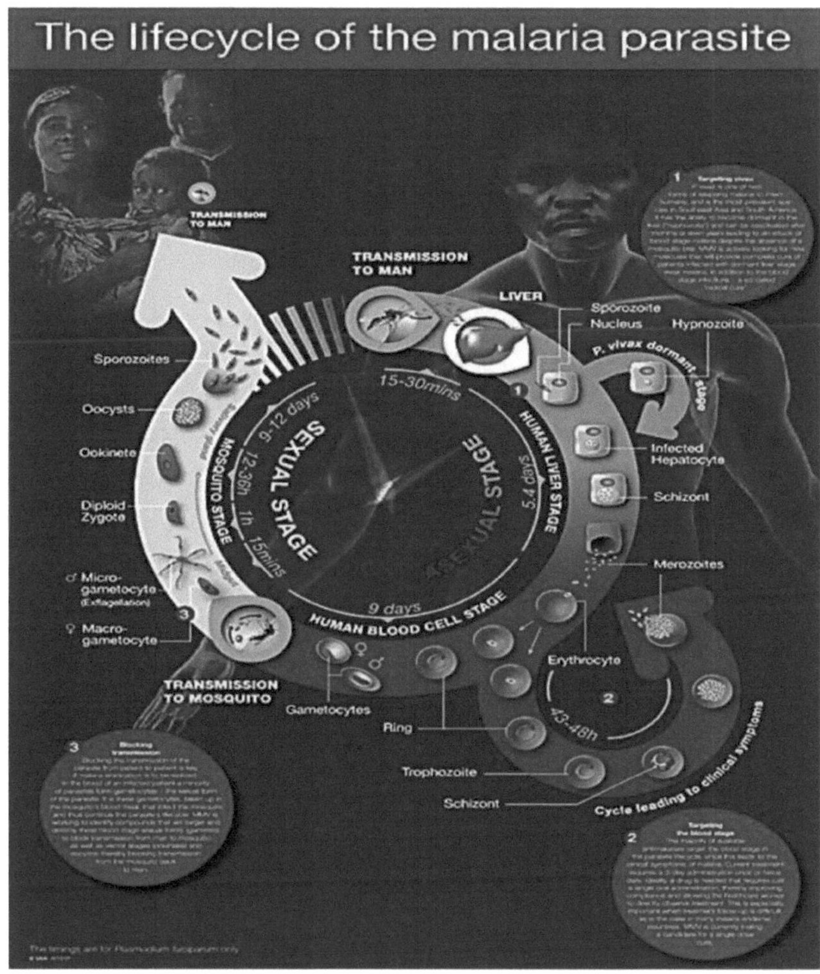

Figura 1.3: **Ciclo de vida dos parasitas da malária humana** (MMV, 2012).

Quando os esporozoítos chegam ao fígado, nutrem-se para formar esquizontes a partir dos

quais se desenvolvem vários milhares de merozoítos. No caso do *P.vivax* e do *P.ovale*, uma

fase hepática do parasita, conhecida como "hipnozoíto", permanece adormecida durante

meses a anos nos hepatócitos, pelo que podem ocorrer sintomas clínicos após a recuperação, causando febre recorrente. Quando os hepatócitos se rompem, os merizoítos são libertados na corrente sanguínea, onde invadem os glóbulos vermelhos e se replicam assexuadamente, atingindo finalmente uma carga parasitária elevada e libertando-se através da destruição dos glóbulos vermelhos. Isto leva ao aparecimento de sintomas clínicos de febre da malária. No sangue, estes merezoítos diferenciam-se em gametócitos masculinos e femininos que são absorvidos pelo mosquito na sua refeição de sangue. No mosquito, estes gametócitos fundem-se para formar zigotos diplóides que, após a maturação, se transformam em ookinetes. Estes ookinetes migram para o intestino médio do mosquito e formam oocistos que sofrem divisão meiótica para formar esporozoítos. Agora, estes esporozoítos migram para as glândulas salivares, de onde estão prontos para infetar o seu hospedeiro humano na próxima refeição do mosquito (MMV, 2012).

12. MANIFESTAÇÕES CLÍNICAS

As apresentações clínicas da malária podem variar entre assintomáticas e graves ameaças à vida. A febre da malária pode ser classificada como complicada (grave) e não complicada (OMS, 2000). A malária complicada ocorre devido ao atraso no tratamento, provocando a falência de órgãos (rins, pulmões), anemia grave ou envolvimento cerebral. Se não for tratada, é fatal (OMS, 2000).

A pessoa infetada pode permanecer assintomática durante a fase hepática e os sintomas estão associados à fase eritrocítica da infeção. As hemácias parasitadas rompem-se para libertar merozoítos juntamente com vários antigénios que medeiam as respostas imunitárias do hospedeiro. Os sintomas da malária não complicada são geralmente inespecíficos, como febre, arrepios, náuseas, dores no corpo e diarreia. A malária complicada pode levar ao coma, acidose metabólica, anemia grave, hipoglicemia, insuficiência renal e edema pulmonar.

Os factores que influenciam as manifestações clínicas da malária são as espécies de parasitas infectantes, a idade da gravidez, a co-infeção, a desnutrição e a composição genética do hospedeiro (Aribodor *et al.*, 2009; Shulman *et al.*, 1996). A malnutrição tem sido associada ao risco de morbilidade e mortalidade por paludismo (Caulfield *et al.*, 2004). Do mesmo modo, a co-infeção com VIH, Mycobacterium ou outras doenças bacterianas também foi associada a um aumento da mortalidade em crianças pequenas (Berkley *et al.*, 2009). Em zonas de baixa transmissão, a malária cerebral é a principal causa de morte em todos os grupos (Okiro *et al.*, 2009; Reyburn *et al.*, 2004; Snow *et al.*, 1997).

13. DIAGNÓSTICO CLÍNICO

Nos países endémicos, o diagnóstico clínico é o método mais comum e inexpansivo de diagnóstico da malária, que não requer equipamento especial, exceto os conhecimentos do clínico (Schellenberg *et al.*, 1994). Baseia-se geralmente na febre associada a arrepios, vómitos e mal-estar. As dores de cabeça podem ser muito inespecíficas e podem sobrepor-se a outras doenças febris ou a sintomas semelhantes (Berkely *et al.*, 2005);

Wongsrichanalai *et al.*, 2003; Luxemberger *et al.*, 1998). A exatidão do diagnóstico clínico depende de vários factores, como a sazonalidade, a endemicidade, a idade do doente e os conhecimentos do médico.

O sobrediagnóstico da malária é um problema grave, devido ao qual pode ocorrer um aumento da pressão dos medicamentos na população, o que leva ao aparecimento de parasitas da malária resistentes aos medicamentos (Tarimo *et al.*, 2001). O diagnóstico laboratorial, juntamente com o diagnóstico clínico, deve ser efectuado para confirmar a infeção e evitar os problemas que lhe estão associados.

14. DIAGNÓSTICO LABORATORIAL

A confirmação laboratorial do diagnóstico clínico da malária pode evitar diagnósticos errados ou tratamentos desnecessários devido aos sinais e sintomas, que podem sobrepor-se a outras infecções. Nas zonas endémicas, a resistência aos medicamentos é um problema, pelo que o diagnóstico rápido da malária é fundamental para evitar a exposição desnecessária a medicamentos antipalúdicos em resultado de um diagnóstico clínico errado (Amexo *et al.*, 2004). A aplicação de métodos de diagnóstico específicos pode evitar cerca de 450 milhões de tratamentos desnecessários (Erdman & Kain, 2008).

Estão atualmente disponíveis vários métodos de diagnóstico para o diagnóstico da malária, incluindo a microscopia de esfregaço de sangue, testes de diagnóstico rápido (RDT) para deteção de antigénios, reação em cadeia da polimerase (PCR), ensaio de anticorpos de fluorescência imunológica indireta (IFA), ensaio de imunoabsorção enzimática (ELISA), citometria de fluxo, espetrometria de massa, contadores automáticos e microarrays. O quadro 1 resume as características de algumas ferramentas de diagnóstico disponíveis.

Quadro 1: Resumo dos métodos de diagnóstico para o diagnóstico de rotina da malária.

	Microscopy*	Rapid diagnostic tests (RDTs)*	Polymerase chain reaction	Serological tests
Time	1 hour	15 min	Conventional= 6hr Real time= 1 hr	> 3hours
Detection limit	5- 100 parasites/ µl	100 parasites/ µl	2- 5 parasites/ ul	-
Sample	Finger prick	Finger prick	Venous blood/ Filter paper	Venous blood
Sensitivity	Variable	moderate	Excellent	Moderate
Speciation	good	Poor	Excellent	Good
Quantification	yes	no	Yes (Real time)	Moderate
Expertise required	high	low	high	high

* Microscopia: Giemsa, Field, coloração com laranja de acridina.

* RDTs: Teste imunocromatográfico (ICT) Tiras para deteção de antigénios.

14.1 Microscopia de filmes de sangue

A microscopia ótica convencional de esfregaços de sangue é a técnica mais comummente utilizada para a deteção de parasitas da malária. Estão disponíveis vários métodos de coloração, como as colorações de Field, Wright, Giemsa e Leishmann, para corar as películas de sangue. Em 1904, Giemsa corou uma película de sangue fina para identificação de espécies e uma película espessa para quantificação de parasitas (Fleischer, 2004). O exame microscópico de películas finas é menos sensível do que o de películas espessas para a quantificação de parasitas (Warhurst & Williams, 1996). As películas coradas são universalmente aceites como "padrão de ouro" para o diagnóstico da malária (Hanschield, 1999). No entanto, a má preparação das lâminas e os erros de coloração afectam grandemente os resultados da microscopia (Houwen, 2002).

A microscopia é um método de diagnóstico da malária amplamente utilizado e de baixo custo (Moody, 2002). O limite de deteção da carga parasitária pode variar com a experiência do microscopista e o microscopista médio pode contar 50-100 parasitas/µl em condições de campo (Coleman *et al.*, 2002; Ohrt *et al.*, 2002; Payne, 1988).

Apesar de ser um método amplamente implementado, a microscopia continua a ser trabalhosa, demorada e requer conhecimentos consideráveis (Makler *et al.*, 1998).

14.2 Testes de diagnóstico rápido

Os testes de diagnóstico rápido (RDT) foram introduzidos no início da década de 1990 para proporcionar um diagnóstico simples e rápido da malária (Shiff et al., 1993). Os RDT baseiam-se na deteção de produtos do parasita, como a proteína 2 rica em histidina (HRP2), a desidrogenase láctica (LDH), a desidrogenase láctica de Pan (PLDH) e as aldolases de Pan (Moody & Chiodini, 2002; Piper *et al.*, 1999). Estes testes estão disponíveis em cartões e cassetes para facilitar a sua utilização e armazenamento. O limiar de deteção dos RDT é de 100 parasitas/ µl. Forney *et al.* (2003) registaram uma sensibilidade de 100% para uma parasitemia superior a 500 parasitas/ µl, que diminui para 86% para uma parasitemia inferior a 500 parasitas/ µl. O desempenho dos RDT foi alegadamente afetado por vários factores, tais como variações de temperatura, variações de lote para lote, condições de armazenamento e metodologia (Jorgensen *et al.*, 2006; Chiodini *et al.*, 2007).

14.3 Deteção baseada em ácidos nucleicos

Foi estabelecido um número de métodos de deteção baseados em ácidos nucleicos, tais como PCR convencional, multiplex, nested e em tempo real, para a identificação de espécies de Plasmodium em amostras. Entre estes métodos, a PCR aninhada é a mais sensível e considerada o padrão de ouro (Mixson *et al.*, 2003; Snounou *et al.*, 1993). Os métodos de PCR visam normalmente os genes da subunidade pequena 18S rRNA e da proteína circunsporozoíta e são um método sensível e altamente específico para o diagnóstico da malária (Barker *et al.* 1992). A PCR pode detetar apenas 2 parasitas/µl e tem maior sensibilidade e especificidade do que outros métodos de diagnóstico. A capacidade da PCR para detetar uma parasitemia baixa, que pode ser ignorada no diagnóstico, torna-a um método fiável de diagnóstico (Morassin *et al.*, 2002; Rubio *et al.*, 1999). No entanto, devido ao seu elevado custo e especialização, continua a ser aplicável em áreas pouco endémicas, bem como para fins de investigação, como a genotipagem e a deteção de parasitas resistentes aos medicamentos. Também é útil para distinguir entre infecções mono e mistas (Djimide *et al.*, 2001).

Nos últimos anos, foram introduzidos vários outros métodos moleculares, como a amplificação isotérmica mediada por laço (LAMP), para melhorar o diagnóstico da malária (Han *et al.*, 2007). Recentemente, Lucchi *et al.* (2010) introduziram o método RealAmp para o diagnóstico da malária utilizando um dispositivo portátil simples que pode efetuar a amplificação e a deteção de fluorescência por LAMP na mesma plataforma. Apesar da rapidez e da maior sensibilidade e especificidade, os principais desafios associados a estes métodos de PCR são o custo elevado, os equipamentos especializados, os conhecimentos técnicos e a intensidade do trabalho (Fortina *et al.*, 2002).

Fundamentação do estudo

A extração de ADN do sangue total é o passo fundamental para prosseguir as investigações no domínio do diagnóstico, da investigação e da ciência forense. Muitas organizações comerciais oferecem kits de extração de ADN rápidos e eficientes, mas o seu custo afecta grandemente a economia final dos processos de down streaming.

O objetivo desta investigação é estabelecer um método rápido e económico de extração de ADN do sangue que seja igualmente eficaz para a recuperação de ADN genómico, bem como para a recuperação de ácido nucleico de parasitas do sangue. O método pode ser utilizado em muitos estudos epidemiológicos moleculares de parasitas da malária, bem como para o diagnóstico molecular de doenças genéticas.

Capítulo 2

OBJECTIVOS

- Estabelecer um método rentável para a extração de ADN do sangue.

- Propor um método rápido e fácil de extração de ADN utilizando um volume mínimo de

sangue.

- Estabelecer a PCR para a deteção do ADN *do Plasmodium vivax* em amostras de sangue

total.

- Determinar a eficácia do método de deteção molecular do parasita da malária no sangue.

Capítulo 3

METODOLOGIA

Este estudo foi realizado no Departamento de Biotecnologia da Universidade de Karachi. Todos os produtos químicos, reagentes, iniciadores e instrumentos utilizados durante este estudo pertenciam ao Departamento de Biotecnologia, exceto a centrifugadora de alta velocidade e o espetrofotómetro, que pertenciam ao Centralized Science Laboratory, Universidade de Karachi.

Recolha de amostras:

Foram incluídas no estudo um total de 10 amostras de sangue de doentes suspeitos de malária provenientes das seguintes cortesias: 2 do Jinnah Post Graduate Medical College, 2 do Liaquat National Hospital, 1 do Ziauddin Hospital, 1 do Al-Khidmat Hospital e 4 do Baqai University Hospital.

Preservação de amostras:

Todas as amostras foram colhidas em tubos vaccutainer de 3 ml, contendo EDTA como anticoagulante, e armazenadas a 4°C até à sua posterior utilização.

Extração de ADN utilizando kits comerciais:

Inicialmente, foram extraídas 4 amostras utilizando os kits de extração de ADN da Promega® e da Fermentas®, seguindo o protocolo do fornecedor.

Extração de ADN utilizando o método de salga:

Todas as amostras, incluindo as extraídas com kits comerciais, foram extraídas utilizando o protocolo de salga melhorado por Helm's C (Helms, 1990) e descrito por Miller *et al.* (1988), com algumas modificações, tal como descrito abaixo.

Com proteinase K (20mg/ml)

Um total de 5 amostras (incluindo 4 amostras que foram extraídas com kits comerciais) foram extraídas utilizando 20mg/ml de proteinase K.

500µl de amostra de sangue foram misturados de forma invertida com 2ml de água destilada esterilizada e 500µl de tampão A (10mM Tris, 0,32 M sacarose, 5mM $MgCl_2$, 0,75% Triton X-100, pH 7,6). A suspensão foi então centrifugada a 3500 rpm durante 10 minutos. O sobrenadante foi eliminado e o sedimento resultante foi lavado em 3 ml de água destilada estéril e 1 ml de tampão A e centrifugado novamente a 4000 rpm durante 10 minutos. O sedimento branco cremoso obtido foi então agitado em vórtice após a adição de 2 ml de tampão B (20 mM Tris, 4 mM EDTA, 100 mM NaCl, pH 7,4) e 250 µl de 10% SDS. Foi então adicionado 25µl de proteinase K (20mg/ml) e incubado em banho-maria a 50 °C durante 2 horas. As amostras foram então arrefecidas e agitadas em vórtice vigorosamente, seguidas da adição de NaCl 5,3 M e centrifugadas a 4500 rpm durante 15 min. O sobrenadante foi então recolhido num tubo novo, tendo sido adicionado um volume igual de isopropanol a 95% e centrifugado a 12000 rpm durante 4 minutos. O sedimento obtido foi então lavado com etanol a 70% e, por fim, ressuspendido em 40 ml de tampão Tris 10 mM (pH 8).

- Sem proteinase K

O protocolo acima referido, com omissão da proteinase K e redução do tempo de incubação de 2 horas para 30 minutos a 50 °C, foi utilizado para as restantes 5 amostras.

Todas as amostras extraídas foram depois armazenadas a -20°C.

Espectrofotometria de amostras de ADN:

5µl de cada amostra foram diluídos em 55µl de tampão Tris HCl, resultando numa diluição de 12 vezes e, em seguida, o rendimento e a qualidade foram calculados através da densidade ótica (O.D) a λ260 nm e a λ260/ λ280 nm, respetivamente (Sambrook & Russel, 2001).

Eletroforese em gel de ADN genómico:

Para a eletroforese em gel, preparou-se agarose a 0,8% em 40 ml de tampão TAE 1X. Foram adicionados 40μl de 0,5mg/ml de brometo de etídio em gel de agarose fundido para obter a concentração de trabalho de 0,5μg/ml. 10μl de cada amostra pré-misturada com 2μl de tampão de carregamento de amostra 6X foram carregados nos poços. A eletroforese foi realizada a 80 volts durante 45 minutos em tampão TAE 1X de pH 8 (Sambrook & Russel, 2001).

Primers de oligonucleótidos:

Neste estudo foram utilizados iniciadores específicos para *Plasmodium vivax* [*ver* quadro 1] (Singh *et al.*, 1999).

Reação em cadeia da polimerase (PCR):

Cada mistura de reação de 20 μl continha 10 μl de 2x PCR master mix (Promega®), 6 μl de ADN modelo e 2 μl de cada iniciador. As condições de termociclagem estão descritas em [*ver* Quadro 2] (Singh *et al.*, 1999). Foi também efectuado um controlo positivo de *Plasmodium vivax* juntamente com todas as amostras.

Eletroforese do produto PCR:

Para a eletroforese em gel de ADN do produto da PCR, preparou-se 2% de gel de agarose em 40 ml de tampão TAE 1X. No gel fundido, foram adicionados 40μl de solução de reserva (0,5mg/ml) de brometo de etídio para atingir a concentração final de 0,5μgZml. Foram carregados 10μl de cada produto amplificado em cada poço e a eletroforese em gel foi efectuada a 80V durante 30 min em tampão TAE 1X. As bandas foram visualizadas colocando o gel num transiluminador UV e foram tiradas fotografias com uma câmara digital.

Capítulo 4

RESULTADOS

Espectrofotometria do ADN genómico:

As amostras extraídas com kits comerciais, quando analisadas por espetrofotometria, revelam uma qualidade e um rendimento de ADN muito fracos. Este facto sugere que os kits estavam contaminados ou que houve erros experimentais.

Todas as amostras (extraídas com e sem proteinase K), quando analisadas a $\lambda 260$ nm e a $\lambda 260Z280$ nm para examinar o rendimento e a qualidade do ADN, respetivamente, apresentaram bons resultados, sem diferença significativa no rendimento e na qualidade [*ver* Quadro 3].

Eletroforese em gel de ADN genómico:

Não foram observadas bandas de ADN nas amostras extraídas com kits comerciais, o que revela que o rendimento do ADN ultrapassa a sensibilidade do procedimento.

As bandas resultantes de ADN genómico (extraído através do método de salga com e sem proteinase K) foram observadas sob transiluminação U.V seguida de eletroforese em gel de agarose, o que revela uma boa qualidade e integridade do ADN genómico, uma vez que havia muito menos ou nenhuma mancha com bandas discretas que não se afastavam dos poços, indicando assim a presença de ADN de elevado peso molecular [*ver* figura 1].

Análise de produtos de PCR específicos do género e da espécie:

Para 5 amostras (extraídas através do método de salga com proteinase K), foram utilizados iniciadores específicos do género para amplificar o produto de 1640 pb do gene 18S rRNA do *Plasmodium sp.*

Quando analisadas num transiluminador UV, não foram observadas bandas de produtos amplificados. As amostras foram depois amplificadas utilizando primers específicos para *Plasmodium vivax.* 10 amostras (extraídas utilizando o método de salga com e sem proteinase K), que foram amplificadas utilizando primers específicos para o gene 18S rRNA do *Plasmodium vivax,* foram analisadas através de eletroforese em gel para detetar a presença de um produto de 117 pb. As bandas de produtos de 117 pb indicam os resultados positivos da PCR de *P.vivax*. Das 10 amostras, 5 foram consideradas positivas para a infeção por *P.vivax* [*ver* Figura 2].

QUADRO 1

Primers específicos do género e da espécie

Plasmodium specie	Primer	Primer Sequences	Product Size	Target gene
Plasmodium sp.	rPLU 1 Forward	**5'** TCAAAGATTAAGCCATGCAAGTGA **3'**	1640 bp	18S rRNA
	rPLU 5 Reverse	**5'** CCTGTTGTTGCCTTAAACTCC **3'**		
P.vivax	rVIV 1 Forward	**5'** CGCTTCTAGCTTAATCCACATAACTGATAC **3'**	117 bp	18S rRNA
	rVIV 2 Reverse	**5'** ACTTCCAAGCCGAAGCAAAGAAAGTCCTTA **3'**		

QUADRO 2

Condições de ciclagem para PCR

	Plasmodium vivax 18S rRNA gene		*Plasmodium sp.* 18S rRNA gene	
	Temperature	Time	Temperature	Time
Pre-heat	95°C	10 min	95°C	10 min
Denaturation	94°C	30 Sec	94°C	1 min
Annealing	50°C	2 min	58°C	2 min
Extension	72°C	1 min	72°C	2 min
Second hold	72°C	7 min	72°C	7 min
Standby	4°C	∞	4°C	∞
Number of cycles = 40				

QUADRO 3

Rendimento e qualidade do ADN genómico

Sample	O.D at $\lambda 260/\lambda 280$	O.D at $\lambda 260$	O.D x Dilution factor (O.D x 12)	DNA Yield (µg / 10µl)	DNA yield (µg/ml)
1*	1.56	0.100	1.20	0.60	60
2*	1.49	0.081	0.97	0.48	48
3*	1.63	0.085	1.02	0.51	51
4*	1.67	0.091	1.09	0.54	54
5*	1.38	0.035	0.42	0.21	21
6**	1.59	0.090	1.08	0.54	54
7**	1.77	0.084	1.00	0.50	50
8**	1.67	0.101	1.21	0.60	60
9**	1.36	0.079	0.94	0.47	47
10**	1.61	0.074	0.88	0.44	44

1   Amostras extraídas através do protocolo de saltingout com proteinase K.

2   1 Amostras extraídas sem proteinase K.

Figura 1

Eletroforese em gel de ADN genómico

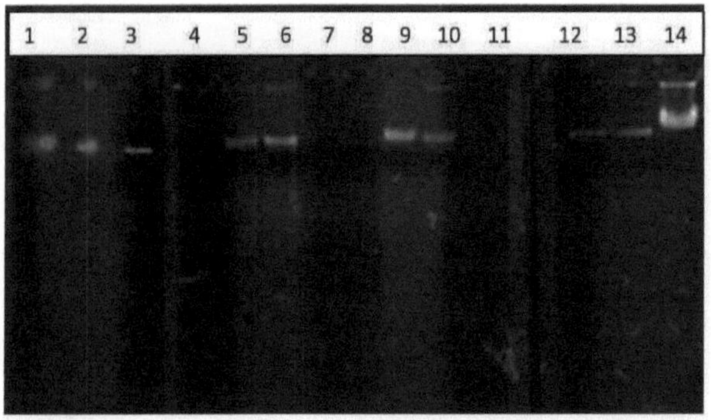

Well	1	2	3	4	5	6	7	8	9	10	11	12	13	14
Sample no.	1	2	3	--	7	6	--	--	5	4	--	10	9	8
genomic DNA bands	+	+	+	,	+	+	.	.	+	+	.	+	+	+

Figura 2

Eletroforese em gel do produto PCR

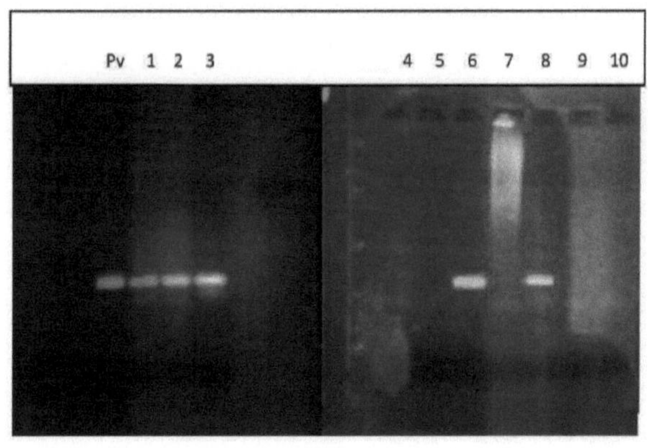

Pv =　　　　　　　　Controlo positivo de *Plasmodium vivax*.

Amostras positivas =1　　,2,3,6 e 8, com um produto　de 117 pb.

Amostras negativas =4　　,5,7,9 e 10

Capítulo 5

DISCUSSÃO

A extração de ADN genómico e parasitário do sangue é um passo fundamental para o banco de ADN e para muitas análises moleculares, epidimeológicas, de diagnóstico e forenses (Wink, 2006). Atualmente, estão disponíveis vários kits e protocolos para este fim, que estão a ser utilizados para obter um bom rendimento de ADN genómico, bem como uma recuperação segura de ADN patogénico para estudos moleculares e epidemiológicos. No entanto, o seu custo, o tempo de processamento e os potenciais riscos químicos são os principais factores a considerar ao escolher qualquer um desses kits (Zetzsche *et al*, 2008).

A maioria dos protocolos e kits de extração de ADN do sangue seguem princípios orgânicos (fenol/clorofórmio), inorgânicos (salga) e baseados em colunas, entre os quais a extração orgânica é complicada e requer produtos químicos tóxicos (clorofórmio e fenol), enquanto a extração baseada em colunas é segura, consistente e eficaz em termos de tempo, mas produz relativamente menos quantidade de ADN. O protocolo de extração por salga é a escolha de eleição na maioria dos casos em que é necessário um bom rendimento, custo e eficácia em termos de tempo (Luis. *et al*., 1998).

Neste estudo, começámos por utilizar kits comerciais para a extração de ADN de amostras de sangue, mas, devido a alguma contaminação ou a erros de prática, obteve-se um rendimento muito baixo de ADN, pelo que passámos a utilizar o método de extração de ADN por salga. Escolhemos duas estratégias de protocolos de salga, isto é, com proteinase K (método tradicional) e sem proteinase K (método modificado), para verificar o efeito da eliminação da proteinase K na qualidade final e no rendimento do ADN e também para reduzir o tempo necessário para a extração de várias horas para minutos. O protocolo tradicional de salga requer 20mg/ml de proteinase K com um tempo de incubação de 2 horas a 55

°C (Helms, C., 1990), ao passo que, no nosso protocolo sem proteinase K, reduzimos o tempo de incubação para 30 minutos e, subsequentemente, reduzimos o tempo total de extração de 3 horas para 90 minutos, com a vantagem adicional de poupar no custo da proteinase K.

Recentemente, Diego *et al.* (2012) relataram um método de salga sem proteinase K que é rentável e eficaz em termos de tempo, proporciona uma boa qualidade e rendimento de ADN, mas requer um detergente para a roupa (Biozett Attack©) que é inacessível na maioria dos países, ao passo que no nosso protocolo utilizámos 10% de SDS, que é facilmente acessível em quase todos os países.

O rendimento médio de ADN obtido através do protocolo de salga com proteinase K e sem proteinase K foi de 46,8µg/ml e 51µg/ml, respetivamente, o que mostra uma pequena diferença. A comparação do rendimento de ADN obtido a partir do método sem proteinase K com os protocolos de extração estudados por Diego *et al.* (2012) e Soumalainen *et al.* (2008) revela que o método é suficientemente bom para obter elevados rendimentos de ADN genómico a partir de 500µl de sangue total. Para determinar a qualidade do ADN, todas as amostras foram avaliadas através da determinação do D.O. a Z260/280 nm, que se revelou ser, em média, de 1,54 para as amostras extraídas com o protocolo de salga com proteinase K e de 1,60 para as amostras extraídas com o protocolo de salga sem proteinase K. Quando observadas após a eletroforese em gel, foram obtidas bandas discretas com muito menos manchas em algumas amostras, o que revela uma boa integridade e uma boa qualidade do ADN genómico.

Para avaliar a eficácia do protocolo na recuperação do ADN do parasita do sangue (Plasmodium), procedemos à extração do ADN de amostras de sangue colhidas de doentes suspeitos de malária. Inicialmente, a PCR foi realizada utilizando primers específicos do género para o gene 18S rRNA do Plasmodium para verificar a recuperação do ADN do parasita juntamente com o ADN genómico, mas devido aos resultados negativos obtidos com a PCR específica do género, mudámos para a PCR específica da espécie para o *Plasmodium vivax*. A PCR específica do género não foi estabelecida porque utilizámos a mistura principal da Promega® que era adequada para a amplificação de um produto até 1 kbp, ao passo que o produto da PCR específica do género é de 1,6 kbp.

Uma vez que a malária é uma doença endémica em todo o mundo e que mais de 60 % dos casos de malária no Paquistão se devem ao *Plasmodium vivax*, seleccionámos esta espécie para a PCR (Lesli *et al.*, 2008). A amplificação por PCR do produto de 117 pb do gene 18S rRNA de *P.vivax* para 3 de 5 amostras extraídas utilizando o protocolo de salga com proteinase K e 2 de 5 amostras extraídas utilizando o mesmo protocolo, mas sem proteinase K, foram consideradas positivas. Estes resultados mostraram que ambos os métodos são eficazes para a recuperação do ADN do parasita a partir do sangue total; no entanto, o protocolo modificado sem proteinase K pode servir como método económico e eficiente em termos de tempo, podendo ser aplicado na realização de estudos epidemiológicos moleculares do parasita.

Capítulo 6

CONCLUSÃO

- Estabelecemos um método fácil, económico e rápido para a extração de ADN genómico do sangue total que produz uma boa quantidade e uma boa qualidade de ADN.

- A PCR para o gene 18S rRNA de *Plasmodium vivax* foi efectuada utilizando o protocolo de salga sem proteinase K.

- Este método pode ser utilizado para o isolamento e a recuperação de ADN genómico e de ADN de *Plasmodium vivax*, respetivamente, a partir de sangue total e pode servir como método eficaz de extração de ADN para o diagnóstico de *Plasmodium vivax* e estudos moleculares.

APÊNDICES

Apêndice 1 (Equipamentos):

S.NO	EQUIPMENT	VENDOR
1	Distillation unit	GFL
2	Autoclave unit	Sturdy
3	Weighing balance	Metler Toledo
4	Hot air oven	Memert
5	Incubator	Haereus
6	Refrigrator	Dawlance
7	Micropipette (0.5 - 10µl)	Metler Toledo
8	Micropipette (10- 100µl)	Metler Toledo
9	Micropipette (100- 1000µl)	Metler Toledo
10	Vortex mixture	Metler Toledo
11	Water bath	GFL
12	Laminar flow cabinet	ESCO
13	Spectrophotometer	Beckman Coulter DU-720
14	High speed centrifuge	Beckman Coulter Allegra 25 R
15	Thermal cycler	Perkin Elmer, Gen Amp 2400
16	Microwave oven	Samsung
17	Gel electrophoresis assembly	BioRad
18	U.V Transilluminator	Viva
19	pH Meter	Metler Toledo
20	Hot plate	Metler Toledo

Apêndice 2 (objectos de vidro):

S.NO	ITEM	VOLUME
1	Beaker	100ml, 250ml
2	Flask	100ml
3	Pipette	5ml
4	Glass rod	-
5	Measuring cylinder	50ml
6	Reagent bottles	250ml
7	Sugar tubes	5ml

Apêndice 3 (Artigos de plástico):

S.NO	ITEM	VOLUME
1	Tips	10µl
2	Tips	100µl
3	Tips	1000µl
4	Microfuge tubes	1.5ml
5	Microfuge tubes	250µl
6	Microfuge/ Test tube racks	-
7	Magnetic bead	-
8	Pipette runner	-
9	Squeezer	500ml
10	Measuring cylinder	100ml
11	Gloves	-
12	Baskets	-
13	Magnetic rod	-

Apêndice 4 (Produtos químicos):

S.NO	CHEMICAL	VENDOR
1	Tris base	Merck
2	HCl	Sigma
3	Glacial acetic acid	Sigma
4	EDTA	Merck
5	$MgCl_2$	Merck
6	Triton X-100	Sigma
7	Proteinase K	Promega
8	NaCl	Sigma
9	SDS	Sigma
10	Ethanol	Local
11	Isopropanol	Merck
12	Agarose	Omega
13	Ethidium bromide	Promega
14	Xylene cyanol	Promega
15	Bromo phenol blue	Promega
16	Promega master mix	Promega
17	Glycerol	Sigma
18	Primers	Penicon
19	Sucrose	Merck
20	pH tablets (pH 4, 7 and 9.2)	Sigma

REFERÊNCIAS

Amexo, M., Tollhurst, R., Barnish, G., & Bates, I. (2004). Malaria misdiagnosis: effects on the poor and vulnerable. *Lancet, 364(9448)*, 1896-1898.

Aribodor, D. N., Nwaorgu, O. C., Eneanya, C. I. (2009). Associação entre baixo peso à nascença e infeção placentária por malária na Nigéria. *J Infect Ctries, 3(8)*, 620-623.

Arnold, T. E., Meyering, M. T., & Chesterson, R. S. (março de 2005). Matriz de ligação de ácidos nucleicos. *Patente dos Estados Unidos US 6869532 B2*, CUNO Incorporated.

Ashabil A. (2006). Extração de ácido nucleico de amostras clínicas para aplicações de PCR. *Turk J biol, 30(1)*, 107-120.

Baginski, U., Ferrie, A., Watson, R. (1990). Deteção do vírus da hepatite B. In: Innis MA, Gelfand DH, Sninsky JJ et al. ed. A Guide to Methods and Applications. *Academic Press*, 348-355.

Bardi, J. (2011). Mapas de eliminação da malária: Destaque, progresso e perspectivas. *UCSF, Recuperado de* http://www.ucsf.edu/news/2011/10/10771/malaria- elimination-maps-highlight-progress-and-prospects, em 28-04-2012.

Barker, R. H., Banchongaksorn, T., Courval J. M. (1992). Um método simples para detetar *Plasmodium falciparum* diretamente a partir de amostras de sangue utilizando a Reação em Cadeia da Polimerase. *Am J Trop Med Hygene, 46,* 416-426.

Berkley, J. A., Maitland, K., Mwangi, I. (2005). Utilização de síndromes clínicas para orientar a prescrição de antibióticos em crianças gravemente doentes numa zona endémica de malária: Estudo observacional, *BMJ, 330(4798)*, 995.

Berkley, J. A., Maitland, K., Mwangi, I. (2009). Infeção por VIH, desnutrição e infeção bacteriana invasiva em crianças com malária grave. *Clin Infect Dis, 49(3),* 336-343.

Birnboim, H. C. & Doly, J. (1979). Um procedimento rápido de extração alcalina para o rastreio de ADN plasmídico recombinante. *Nucleic acid research, 7(6)*, 1513-1523.

Brown, T. A., (2010).Cloning vectors for E.coli, Gene cloning and DNA analysis; An introduction. *6th edition, Wiley- Blackwell*, Oxford, UK.

Buckingham, L., & Flaws, M. L. (2007). Molecular Diagnostics: Fundamentals, Methods and Clinical Applications (Fundamentos, Métodos e Aplicações Clínicas). *F.A. Davis*, Filadélfia, EUA.

Caulfield, L. E., Richard, S. A., & Black, R. E. (2004). Under nutrition as an underlying cause of malaria morbidity and mortality in children less than five years old. *Am J Trop Med Hyg, 71(2)*, 55-63.

Chiodini, P. L., Bowers, K., Jorgensen, P. (2007). A estabilidade térmica das bases da desidrogenase láctica de *Plasmodium* e dos testes de diagnóstico da malária baseados na proteína rica em histidina 2. *Trans R Soc Trop Med Hyg, 101(4)*, 331-337.

Chomczynski, P. & Sacchi, N. (2006). O método de passo único de isolamento de ARN por extração com tiocianato de guanidínio ácido e fenol-clorofórmio: vinte e poucos anos depois. *Nature Protocols, 1(2)*, 581-585.

Coleman, R. E., Maneechai, N., Rachaphaew, N. (2002). Comparação entre a microscopia de campo e a microscopia laboratorial especializada para a vigilância ativa de *Plasmodium falciparum* e *Plasmodium vivax* assintomáticos na parte ocidental da Tailândia. *Am J Trop Med Hyg, 67(2)*, 141-144.

Cox Singh, J., Davis, T. M., Lee, K. S., shamsul, S. S., Matusop, A., Ratanam, S. (2008). A malária causada *pelo Plasmodium knowlesi* em seres humanos é amplamente distribuída e potencialmente fatal. *Clin Infect Dis, 46(2),* 165-171.

Cseke, L. J., Kaufman, P. B., Podila, G. K., & Tsai, C. J. (2004). Handbook of molecular and cellular methods in biology and medicine (Manual de métodos moleculares e celulares em biologia e medicina). CRC Press, *2ⁿᵈ edition, Boca Raton, Fla*, USA.

Cunha, C. B., Cunha, B. A. (2008). Breve história do diagnóstico clínico da malária: De Hipócrates a Osler. *Revista de doenças transmitidas por vectores, 45(3)*, 194-199.

Dahm, R. (2004). Friedrich Miescher and the Discovery of DNA (Friedrich Miescher e a descoberta do ADN). *Elsevier,* Amesterdão, Países Baixos.

Debomoy, K., Lahiri, & John I. N. (1991). Um método rápido e não enzimático para a preparação de ADN HMW do sangue para estudos RFLP. *Nucleic Acids Research, 19(19),* 5444.

Dederich, D. A., Okwuonu, G., Garner, T. (2002). Purificação de esferas de vidro de ADN modelo de plasmídeo para sequenciação de alto rendimento de genomas de mamíferos. *Nucleic Acids Research, 30(7)*, artigo e32.

Desowitz, R. S. (1991). The malaria cappers:More tales of parasites and people, research and reality. *W. W. Norton and Company*, Nova Iorque.

Dhingra, N., Jha, P., Sharma, V. P., Cohen, A. A., Jotkar, R. M. (2010). Adult and child malaria mortality in india: a nationality representative mortality survey. *Lancet, 376(9754),* 1768-1774.

Diego, C. C., Lyn, R. G., Rod, A. L., Larisa, M. H. (2012). Comparação de técnicas de extração de DNA genômico de amostras de sangue total: um estudo de avaliação de tempo, custo e qualidade. *Mol Biol Rep, 39*, 5961-5966.

Djimide, A., Doumbo, O., Courtese, J. F. (2001). Um marcador molecular para a malária *falciparum* resistente à cloroquina. *N Engl J Med, 344(4)*, 257-263.

Doyle, K., (1996). A fonte da descoberta: Guia de Protocolos e Aplicações. *PROMEGA, Madison*, Wis, EUA.

Durrani, A. B., Durrani, I. U., Abbas, N., e jabeen, M. (1997). Epidemiology of cerebral malaria and its mortality. *J Pak Med Assoc, 47(8)*, 213-215.

Erdman, L. K., & Kain, L. C. (2008). Diagnóstico molecular e ferramentas de vigilância para o controlo global da malária. *Travel Med Infect Dis, 1(2)*, 82-99.

Esser, K. H., Marx, W. H., & Lisowsky, T. (2005). Matriz livre de ácidos nucleicos: regeneração de colunas de ligação de ADN. *Biotechniques, 39(2)*, 270-271.

Esser, K. H., Marx, W. H., & Lisowsky, T. (2006). "MaxXbond: primeiro sistema de regeneração para matrizes de sílica de ligação ao ADN. *Nature Methods, 3(1), 1-2.*

Fleischer, B. (2004). Editorial: 100 anos atrás; a solução de Giemsa para coloração de *Plasmodia. Trop Med Int Health, 9(7), 755-756.*

Forney, J. R., Wongsrichanalai, C. Magill, A. J. (2003). Dispositivos para o diagnóstico rápido da malária: avaliação de protótipos de ensaios que detectam a proteína 2 rica em histidina *do Plasmodium falciparum* e um antigénio específico *do Plasmodium vivax. J Clin Microbiol, 41(6)*, 2358-2366.

Fortina, P., Surrey, S., & Kricka, L. J. (2002). Molecular diagnostics: hurdles for clinical implementation (Diagnóstico molecular: obstáculos à implementação clínica). *Trends Mol Med, 8(6)*, 264-266.

Fox, E., Khaliq, A. A., Sarwar, M., e Strickland, G. T. (1985). Chloroquine resistant *Plasmodium falciparum*: now in Pakistani Punjab. *Lancet, 1(8443)*, 14321435.

Frickhofen N., Young N. S. (1991). Um método rápido de preparação de amostras para a deteção de vírus de ADN no soro humano por reação em cadeia da polimerase. *J Virol Methods, 35,* 65-75.

Gallup, J. L., e Sachs, J. D. (2001). The economic burden of malaria. *Am J Trop Med Hyg, 64*(1-2 Suppl.), 85-96.

Gavin Y. (2004). Roll back malaria: A failing global health campaign. *BMJ, 348,* 1086.

Gjerse, D. T., Hoang, L., e Hornby, D. (2009). Purificação e análise de ARN: Sample preparation, Extraction, Chromatography [Preparação de amostras, extração, cromatografia]. *1ˢᵗ edition, Wiley- VCH*, Weinheim, Alemanha.

Golbang N., Burnie J. P., Klapper P. E. (1996). Método sensível e universal para a extração de ADN microbiano de produtos sanguíneos. *J Clin Pathology, 49,* 861-863.

Granham, P. C. C. (1966). Malaria parasites and other Haemosporidia. *Blackewell Scienific Publications Ltd*, Oxford.

Han, E. T., Watanabe, R., Sattabongkot, J. (2007). Deteção de quatro espécies de *Plasmodium* por amplificação isotérmica mediada por laço específica do género e da espécie para diagnóstico clínico. *J Clin Microbiol, 45(8)*, 2521-2528.

Hanschield, T. (1999). Diagnosis of malaria; a review of alternatives to conventional microscopy. *Clin Lab Haematol, 21(4)*, 235-245.

Helms, C. (1990). Salting out Procedure for Human DNA extraction (Procedimento de salga para extração de ADN humano). In The Donis- Keller Lab - Lab Manual Homepage [online]. *Recuperado em 24-08-2011,* de *http://hdklab.wustl.edu/lab_manual/dna/dna2.html.*

Houwen, B. (2002). Preparações de filmes de sangue e procedimentos de coloração. *Clin Lab Med, 22(1)*, 1-14.

Iralu J. V., Sritharan V. K., Pieciak W. S. (1993). Diagnóstico da bacteremia por *Mycobacterium avium* através da reação em cadeia da polimerase. *J Clin Microbiol, 31,* 1811-1814.

Ishizawa M. Y., Kobayashi T, Matsuuva S. (1991). Procedimento simples de isolamento de ADN do soro humano. *Nucleic Acid Research 19,* 5792.

Jobling, M. A. & Gill, P. (2004). Encoded evidence: DNA in forensic analysis, *Nature Reviews Genetics, 5,* 739-751.

Jorgenesen, P., Chanthap, L., Rebueno, A. (2006). Testes de diagnóstico rápido da malária em climas tropicais: a necessidade de uma cadeia de frio. *Am J Trop Med Hyg, 74(5)*, 750-754.

Kain K. C., Keystone J., Franke E. D. (1991). Distribuição global do gene do circumsporozoíto de *Plasmodium vivax. J Infect Dis, 164,* 208-210.

Kakar, Q., Khan, M. A., e Bile, K. M. (2010). Controlo da malária no Paquistão: New tools at hand but challenging epidemiological realities. *East Mediterr Health J, 16 suppl*, s54-60.

Kamimura, K., Takasu, T., Ahmed, A., e Ahmed, A. (1986). Asurvey of mosquitoes in Karachi area, Pakistan. *J Pak Med Assoc, 36(7)*, 182-188.

Kojima, K., & Ozawa, S. (dezembro de 2002). Método de isolamento e purificação de ácidos nucleicos. *Patente dos Estados Unidos US 2002/0192667 A1*.

Lenka, D., Jan, K., & Ccstumfr, V. (2002). Comparação de sete protocolos de extração e amplificação de ADN em espécimes históricos de herbário de *Juncaceae*. *Plant Molecular Biology Reporter, 20(2)*, 161-175.

Leslie, T., Mayan, I., Mohammed, N., Erasmus, P., Kolaczinski, J. (2008) A Randomised Trial of an Eight-Week, Once Weekly Primaquine Regimen to Prevent Relapse of *Plasmodium vivax* in Northwest Frontier Province, Pakistan. *PLoS ONE, 3(8)*, e2861.

Lucchi, N. W., Demas, A., Narayanan, J. (2010). Amplificação isotérmica mediada por laço de fluorescência em tempo real para o diagnóstico da malária. *PLoS One, 5(10)*, e1373.

Luis, A. S., Mario, H. H., Selma, A. C. (1998). Procedimento optimizado para isolamento de DNA de sangue humano coagulado fresco e criopreservado útil em testes clínicos moleculares. *Clin Chem, 44(8)*, 1748-1750.

Luxemberg C., Nosten, F. Kyle, D. E. (1998). Clinical features cannot predict a diagnosis of malaria or differentiate the infecting species in children living in an area of low transmission, *Trans R Soc Trop Med Hyg, 92(1)*, 45-49.

Mahmood, F., Sakai, R. K., & Akhtar, K. (1984). Estudos de incriminação do vetor e observações sobre as espécies A e B do taxon Anopheles culicifacies no Paquistão. Trans R

Soc Trop Med Hyg, 78(5), 607-616.

Makler, M. T., Palmer, C. J., & Ager, A. L. (1998). A review of practical techniques for the diagnosis of malaria. *Ann Trop Med Parasitol*, 92(4), 419-433.

Malloy D. C., Nauman R. K., Paxton H. (1990). Deteção de *Borrelia burgdorferi* através de PCR. *J Clin Microbiol, 28,* 1089-1093.

Meselson, M. & Stahl, F. W. (1958). The Replication of DNA. *Molecular Cloning 4, 4(23),* 9-12.

Miki, B. & McHugh, S. (2002). Genes marcadores seleccionáveis em plantas transgénicas: Applications, alternatives and Biosafety. *Journal of Biotechnology, 107*, 193-232.

Miller, S. A., Dykes D. D., & H. F. Polesky, (1988). A Simple Saltingout Procedure for Extracting DNA from Human Nucleated Cells, *Nucleic Acids Research, 16(3),* 1215.

Mixson, H. T., Lucchi, N. W., & Udhayakumar, V. (2003). Avaliação de três ensaios de diagnóstico baseados em PCR para a deteção de infeção mista por plasmodium. *BMC Res Notes, 3,* 88.

MMV. (2012). Medicamentos para a malária: ciclo de vida do parasita. *Recuperado de* http://www.mmv.org/about-us/malaria-and-medicines/parasite-lifecycle, em 29-042012.

Moody, A. (2002). Testes de diagnóstico rápido para parasitas da malária. *Clin Microbiol Rev, 15(1),* 66-78.

Moody, A. H., Chiodini, P. L. (2002). Método não microscópico para o diagnóstico da malária utilizando OptiMal IT, uma vareta de segunda geração para a deteção do antigénio pLDH da malária. *Br J Biomed Sci, 59(4),* 228-231.

Morassin, B., Fabre, R., Berry, A., & Mangaval, J. F. (2002). Um ano de experiência com a PCR como método de rotina para o diagnóstico de malária importada. *Am J Trop Med Hyg, 66(5),* 503-508.

Ohrt, C., Purnomo, Sutamihardja, M. A. (2002). Impacto do erro de microscopia nas estimativas de eficácia protetora em ensaios de prevenção da malária. *J Infect Dis, 186(4),* 540546.

Okiro, E. A., Al- Taiar, A., Reyburn, H. (2009). Padrões etários da malária pediátrica grave e suas relações com a intensidade de transmissão *do Plasmodium falciparum. Malar J, 8,* 4.

Payne, D. (1998). Utilização e limitações da microscopia ótica para o diagnóstico da malária ao nível dos cuidados de saúde primários. Boletim do *Órgão Mundial de Saúde, 66(5),* 621-626.

Piper, R., Lebras, J., Wentworth, L. (1999). Ensaios de diagnóstico de captura imunológica para a malária utilizando a desidrogenase láctica de *Plasmodium* (pLDH). *Am J Trop Med Hyg, 60(1),* 109-118.

Reyburn, H., Mbatia, R., Drakeley, C. (2004). Sobrediagnóstico da malária em pacientes com doença febril grave na Tanzânia: um estudo prospetivo. *BMJ, 329(7476),* 1212.

Rubio, J. M., Benito, A., Berzosa, P. (1999). Utilidade da PCR multiplex semi aninhada na vigilância da malária importada em Espanha. *J Clin Microbiol, 37(10),* 32603264.

Sachs, J., e Mallaney, P. (2002). The economic and social burden of malaria. *Nature,* 415(6872), 680-685.

Sambrook, J., & Russel, D. (2001). Molecular cloning: A laboratory manual. *vol. 3, 3rd*

edition, Cold spring harbor laboratory press, New York, USA.

Schellenberg, J. R., Smith, T., Alonso, P. L., & Hayes, R. J. (1994). O que é o paludismo clínico? Encontrar definições de casos para investigação no terreno em áreas altamente endémicas.
Parasitology Today, 10(11), 439-442.

Serena, B., Falk, H., Benhattar, J. (2010). Estudo multicêntrico de validação da extração de ácidos nucleicos de tecidos FFPE. *Arquivos Virchow, 457*, 309-317.

Shah, I., Rowland, M., Mehmood, P., Mujahid, C., Razique, F., Hewitt, S. (1997). Chloroquine resistance in Pakistan and the upsurge of *falciparum* malaria in Pakistan and Afghan refugee population. *Ann Trop Med Parasitol, 91(6)*, 591-602.

Shulman, C. E., Graham, W. J., Jolio, H. (1996). A malária é uma causa importante de anemia em primigestas: dados de um hospital distrital na costa do Quénia. *Trans R*

Soc Trop Med Hyg, 90(5), 535-539.

Singh, B., Abdullah, M. S., Raahman, H. A. (1999). Uma reação em cadeia da polimerase aninhada específica do género e da espécie: ensaio de deteção da malária para estudos epidemiológicos. *Am J Trop Med Hyg, 60(4)*, 687-692.

Siun, C. B., & Beow, C. Y. (2009). Extração de ADN, ARN e proteínas: o passado e o presente. *J Biomed biotechnol, 2009(1)*, 1-10.

Smith, C. E., Holmes, D. L., Simpson, D. J. (janeiro de 2002). Fase sólida de leito misto e sua utilização no isolamento de ácidos nucleicos. *Patente dos Estados Unidos US 2002/0001812 A1,* Promega Corporation.

Snounu, G., Viriyakosol, S., Zhu, X. P. (1993). Elevada sensibilidade da deteção de parasitas da malária humana através da utilização de PCR aninhada. *Mol Biochem Parasitol, 61(2)*. 315-320.

Snow, R. W., Omumbo, J. A., Lowe, B. (1997). Relação entre a morbilidade grave do paludismo em crianças e o nível de transmissão de *Plasmodium falciparum* em África. *Lancet, 349(9066),* 1650-1654.

Suomalainen, S., Partanen, M., Javanainen, R. (2008). Isolamento rápido e reprodutível de ADN a partir de 1 ml de sangue total com thermo scientific king fisher flex. *Thermo Scientific, Recuperado* de *https://www.thermo.com/eThermo/CMA/PDFs/Product/productPDF_56872.PDF.*

Tang, Y. W., e Charles, S. W. (2006). Técnicas avançadas em microbiologia de diagnóstico. *Springer, ISBN 978-1-4419-3997-5*, EUA.

Tarimo, D. S., Minjas, J. N., & Bygberg, I. C. (2001). Diagnóstico e tratamento da malária no âmbito da estratégia de gestão integrada das doenças infantis (IMCI); relevância do apoio laboratorial dos testes rápidos de imunocromatografia da malária ICT *P.f/ P.v* e OptiMal. *Ann Trop Med Parasitol, 95(5)*, 437-444.

USAID. (2011). As iniciativas do presidente contra a malária: Quinto relatório anual ao congresso. *Recuperado em 05-04- 2012,* de www.pmi.gov/resources/reports/pmi_annual_report11.pdf.

Warhurst, D. C., & Williams, J. E. (1996). ACP broadsheet no. 148. julho de 1996. Diagnóstico laboratorial da malária. *J Clin Pathol, 49(7)*, 533-538.

White, N. J. (2008). *Plasmodium knowlesi*: O quinto parasita da malária. *Clin Infect Dis,*

46(2), 172-173.

OMS. (2000). Paludismo *falciparum* grave. Organização Mundial de Saúde. Grupo de doenças transmissíveis. *Trans R Soc Trop Med Hyg, 94 (1)*, 1-90.

OMS. (2002). Relatório mundial sobre o paludismo: Epidemiological profile. *Obtido em 06-04-12,* de www.who.int/malaria/publications/country.../profile_ben_en.pdf.

Wink, M. (2006). Introdução à biotecnologia molecular: Molecular Fundamentals, Methods and Application in Modern Biotechnology. *Wiley- VCH, Weinheim*, Alemanha.

Wongsrichanalai, C., Murray, C. K., Gray, M. (2003). Co-infeção com malária e leptospirose. *Am J Trop Med Hyg, 68(5)*, 583-585.

Zaidi, A. K., Awashti, S., e Desilva, H. J. (2004). Burden of infectious diseases in South Asia (Peso das doenças infecciosas no Sul da Ásia). *BMJ, 328(7443)*, 811-815.

Zetzsche, H., Klenk, H. P., Raubach, M. J., Knebelsberger, T., & Gemeinholzer, B. (2008). Comparação de métodos e protocolos para a extração de rotina de ADN na rede de bancos de ADN. *Gradstein R, Klatt S, Normann F, Weigelt P Willmann R, Wilson R*, 354.

More
Books!

info@omniscriptum.com
www.omniscriptum.com

OMNIScriptum

Printed by Books on Demand GmbH, Norderstedt / Germany